中国石油岗位员工安全手册

天然气压缩机操作工
安全手册

中国石油天然气集团公司安全环保与节能部 编

石油工业出版社

内容提要

本书以安全为主线，以风险识别和控制为依据，以案例分析为警示，密切结合天然气压缩机操作工的岗位需求，旨在有效指导一线岗位员工安全地工作。主要内容包括天然气压缩机作业安全特点及基本安全要求，操作安全要求，事故报告，突发事件处理程序，应急设备等。本书适合天然气压缩机操作工阅读学习。

图书在版编目 (CIP) 数据

天然气压缩机操作工安全手册 / 中国石油天然气集团公司安全环保与节能部编 .—北京：石油工业出版社，2015.1
（中国石油岗位员工安全手册）
ISBN 978-7-5183-0489-9

Ⅰ. 天⋯
Ⅱ. 中⋯
Ⅲ. 天然气–压缩机–安全技术–技术手册
Ⅳ.TE964-62

中国版本图书馆 CIP 数据核字（2014）第 256591 号

出版发行：石油工业出版社
　　　（北京安定门外安华里 2 区 1 号　100011）
　　　　网　　址：http://www.petropub.com
　　　　编辑部：（010）64255590　发行部：（010）64523620
经　　销：全国新华书店
印　　刷：北京中石油彩色印刷有限责任公司
2015 年 1 月第 1 版　2015 年 1 月第 1 次印刷
850×1168 毫米　开本：1/32　印张：3.875
字数：60 千字
定价：10.00 元
（如出现印装质量问题，我社发行部负责调换）
版权所有，翻印必究

前 言

安全事关广大员工的幸福和安康，事关公司的价值和在公众中的形象，希望每一名员工都能够重视安全、实现安全。

公司鼓励员工养成良好的作业习惯。公司有责任为员工提供安全的工作环境，员工应严格遵守安全规定。

公司鼓励员工对安全工作提出建议和批评。员工有权拒绝执行可能危及安全的违章指挥，停止任何不安全的作业。任何人出于安全考虑的原因而停止了工作或提出建议，都应该得到表扬、鼓励和奖励。

公司鼓励员工汇报事故隐患并从事故中吸取经验教训。所有员工发现险情事件、不安全的行为和状况都应汇报；所有险情事件、不安全的行为和状况都应调查分析，从中共享经验教训，这对改进安全来讲是非常重要的。

为进一步规范岗位员工安全培训，夯实安全生产基础，中国石油天然气集团公司安全环保与节能部组织分岗位编写了《中国石油岗位员工安全手册》系列培训教材。手册以安全为主线，以风险识别和控制为依据，以案例分析为警示，密切结合岗位员工的现实需要，旨在有效指导一线岗位员工的工作和学习。本系列培训教材为岗位员工提供了应该了解的基本安全信息，每一位员工都应该认真学习、熟知这些信息，并应用到工作中去。

本书是为天然气压缩机操作工编写的安全手册，主要内容包括：天然气压缩机作业安全特点及基本安全要求、操作安全要求、事故报告、突发事件的处理程序、应急设备、危险化学物品安全资料、常见"三违"行为和典型事故案例等。本书由西南油气田公司蒋长春、蒋伟执笔，陈六明、章伯跃、陈琳琳、钟健、蒋璐参与了编写，辽河油田公司吴岑、张冬生，塔里木油田公司张勇、王俊敏，长庆油田公司张文琦、姚亮，管道局石油管道学院李辉等专家做了审定修改工作。在此表示衷心感谢!

编　者

2014年8月

承 诺

本人已经认真阅读了这本小册子，了解其中的内容。我保证在任何时候都将履行自己的安全责任，并为创造安全的作业环境贡献力量。

我会：

1. 理解并遵守所从事的以及接触到的工作的相关规定；

2. 提醒他人遵守现场安全标识和指令；

3. 自觉规范自己的一切行为，并制止任何见到的不安全行为；

4. 正确佩戴适用于所做工作的劳保用品；

5. 在上下台阶时扶住扶手；

6. 选用合适的工具并正确操作；

7. 保持工作场所整洁、无障碍物；

8. 向有关领导报告所有的事故、未遂事件和隐患；

9. 尽可能减少资源浪费。

签名：_____

目 录

第一章　天然气压缩机作业安全特点及基本安全要求 …………………………… 1

第二章　操作安全要求 ……………… 9

第三章　事故报告 …………………… 46

第四章　突发事件的处理程序 ……… 48

第五章　应急设备 …………………… 57

附录一　危险化学物品安全资料 …… 65

附录二　常见"三违"行为 ………… 85

附录三　典型事故案例 ……………… 100

参考文献 ……………………………… 110

第一章 天然气压缩机作业安全特点及基本安全要求

一、天然气压缩机作业安全特点

在天然气压缩机运行维护管理作业过程中，存在以下危险：压缩机高速运转的部件可能造成的机械伤害；各高温部位可能造成的灼烫伤害；噪声对人体的伤害；泄漏的含硫化氢天然气可能引起中毒或窒息；天然气与空气混合易形成爆炸性混合物，遇火源极易燃烧爆炸；润滑油、冷却水泄漏可能导致设备损坏、作业人员滑倒、皮肤伤害；机组维护作业可能导致高处坠落、触电、物体打击；设备防雷接地不当或接地装置失效，可能发生雷击伤害。

● **机械伤人的危害**

由于设计、装配、材料等工程质量缺陷，金属疲劳致强度降低、腐蚀、老化、机械磨损、违章作业、误操作等，可能导致运转部件脱落或解体飞出伤人，或人员的身体及随身的附属品被绞入而造成机械伤人事故。

● **高温灼烫伤的危害**

天然气压缩机在正常的运转过程中整个机组有多处高温部位，发动机的排烟管温度最高可以达到500℃以上，发动机气缸外部温度可达到90℃以上，压缩机的排气温度最高也达到150℃，压缩机气缸表面温度可达到75℃以上。操作人员不使用正确的检测设备对机组各部位进行测温，或者是在操作保养的过程中，由于操作不规范意外接触到机组的高温部位而造成高温灼烫伤事故。

● **火灾和爆炸的危害**

由于设计、安装、材料工程质量缺陷、腐蚀、老化、机械磨损、密闭不严，违章作业、误操作等，可能导致可燃物质释放，在空气中形成爆炸性混合物，一旦接触火源即可引发火灾、爆炸事故。

天然气压缩机作业场所中，火源可能存在的主要形式有：明火、电火花、碰撞火花、静电、雷电等。

1. 明火：除天然气发动机、加热炉、采暖炉、燃气灶等明火源外，硫化亚铁自燃、使用火柴、使用打火机、吸烟、电气焊作业等均可能形成点火源。

2. 电火花：未按标准规范要求选择和安装相应防爆等级的电器、仪表设施，用电设施老化、超负荷、短路等都可能产生火花，形成点火源。

3. 碰撞火花：设备机体摩擦、压缩机运转部件脱落撞击、金属碰撞等都可能产生火花，形成点火源。

4. 静电：岗位人员未穿符合规范要求的防静电服装、设备设施未进行可靠的防静电接地、管道中高速气（液）流等都可能积聚静电荷，形成静电点火源。

5.雷电：设备、设施等未按规范要求进行可靠的防雷接地或防雷设施安装不符合要求，雷电释放，可能形成点火源。

6.其他点火源：车辆产生的火花、使用非防爆的通信设备等也可能形成点火源。

● **其他危害**

1.中毒或窒息：天然气压缩机作业中接触到的天然气、油品类、硫化氢等，都容易造成人员中毒或窒息。

2.物体打击：物体装卸、起吊，敲击、高处作业，承压部件损坏，运转部件断裂及工用具滑脱等可能造成物体打击。

3.带压液体和气体危害：带压液体（如液压油、冷却水等）和气体发生"刺漏"时击中人体，会造成人员伤害。

4.灼烫：天然气压缩机、发电机、空压机等设备、设施的高温部件，均可造成人员灼烫伤害。

5.物理爆炸：压力容器、压力管道因老化、腐蚀、超温、超压，可能发生物理性爆炸，而导致人员伤亡。

6.高处坠落：高处作业时未正确使用安全带，或平台、防护栏、挡脚板、扶梯等设施失效，可能发生高处坠落。

7.触电：发电机、机泵、变压器等用电设备、设施，若存在绝缘失效、保护接地失效、安全隔离措施或安全防护措施失效，易发生触电事故。

8.噪声：天然气压缩机、发电机等设备在运行时，以及调压阀、节流装置、放空系统等在节流或改变流速时，均会产生较大噪声。

二、基本安全要求

● **天然气压缩机操作工安全要求**

1.必须经过安全和技术培训，取得职业技能等级证书及上岗资格证书后方可上岗。

2.上岗前必须按规定正确穿戴劳动保护用品，并佩戴岗位工作所必需的个人防护器具。

3.服从指挥，拒绝违章指令，严格按操作规程操作，制止不安全行为。

4. 工作期间及上岗前 8h 禁止使用影响精神表现的物品,禁止饮酒或饮用含有酒精成分的饮料。

5. 熟悉本岗位危害因素及其安全控制措施,掌握岗位职责及操作规程。

6. 熟练掌握天然气、油品、硫化氢、甲醇等重大危害因素以及其他可能接触的有毒有害、易燃易爆物质的特性、危害及防范措施。

7. 熟练使用消防器材、气体检测仪和应急器材等安全设备,并定期检查。

8. 熟练掌握并正确控制天然气压缩机的运行参数。

9. 熟练掌握天然气压缩机常见故障的判断、排除方法及日常维护注意事项。

10. 熟悉巡检路线、内容和技术要求,如实填写相关记录,及时发现、消除或上报隐患。

11. 熟练掌握事故、事件的上报程序、方法,能按照应急处置措施进行处置。

12. 严格按照程序进行气体放空、污水排放和废弃油品、固体废弃物的处置。

● **工艺设备基本安全要求**

1. 设备运行的转速、压力、温度、油位、水位、液位、流量、振动等参数，应严格执行天然气压缩机安全运行参数的要求，确保设备的所有运行参数始终控制在安全的范围内。

2. 设备所有安全附件，包括报警装置、安全阀、液位计、仪器、仪表、呼吸阀等，必须齐全。定期检查、校验并确保运行设备的监测仪器、仪表、超限报警、停机联锁保护、紧急停机等装置随时处于可靠有效状态。

3. 设备易损部件严格执行天然气压缩机保养制度，根据部件使用寿命定期更换，建立易损部件的更换使用记录，确保准确可靠。

4、按时巡检，及时进行清洁、润滑、调整、紧固、防腐，发现问题及时正确处理。

5. 做好工艺、设备防腐及腐蚀情况的定期跟踪、检查和上报。

6.采用有效措施降低工作环境噪声危害；密闭排污，密闭装卸有毒有害固体废物，减少挥发或散失。

7.建立设备运行、维护保养和检修记录等档案资料。

● 生产场所安全要求

1.生产作业场所应该有明显的质量、健康、安全、环保警告标识、警示标识和安全提示标识。

2.禁止携带烟火种进入生产场所。

3.禁止随意触动、挪用生产设备和消防设施。

4.禁止乱拉电线、私接用电设施、超负荷用电。

5.未经许可禁止使用明火、电（气）焊、砂轮机等易产生点火源的器具，禁止使用摄像机、照相机、手机等非防爆器材。

6.接触各类油品、清洗剂等有毒有害物质，或在噪声场所作业时，应使用专用防护用品。

7.保持配电房、发电机房等操作间通风良好。

8.进入生产区的车辆必须规范佩戴合格的防火帽，配齐消防器材，保证防静电接地可靠有效。

第二章 操作安全要求

一、整体式燃气发动机/压缩机组启机前操作准备检查

潜在风险：安全设施损坏、不齐全。

控制措施：

1. 清洁压缩机操作台、地板上的油污。

2. 便携式气体检测仪处于正常工作状态。

3. 熟悉操作现场消防器材存放点、安全逃生通道和风向标，确保逃生通道畅通。

4. 机组场地周围无易燃品、杂物、工具等。

二、整体式燃气发动机/压缩机组状态检查操作

● **检查各部件螺栓紧固情况**

潜在风险：摔伤、高空坠落、连接松动导致安全隐患。

控制措施：

1. 熟练掌握各类工器具的正确使用方法。

2. 做好防滑、防坠落措施。

3. 各大系统的连接应无缺、漏、松动现象。

● **检查冷却系统**

潜在风险：摔伤、高空坠落、结垢堵塞、设备损坏。

控制措施：

1. 冷却系统流程阀门开关正确无阻碍，管路畅通。

2. 严格检测防冻液冰点，检查并补充加注冷却系统液位至正常水位区域。

3. 添加冷却液，应落实防止高空坠落的安全措施。

4. 环境温度过低时严格控制注入的冷却液温度，防止急剧热胀冷缩造成夹套破裂。

5. 吹扫冷却管束时，应佩戴护目镜、口罩，并控制喷枪压力，防止高压伤人。

● **检查燃料气系统**

潜在风险：调节阀失效、调节机构失灵、压力超限、燃气带液等。

控制措施：

1. 检查燃气转阀、摇臂与阀芯时应轻拉轻推。

2. 检查调整旋塞阀芯上的刻度，使摇臂指针指向 9:30～10:00 的位置，调整怠速防止启机超速。

3. 检查仪表压力显示是否正确，燃料气压力控制在发动机使用说明书技术要求规定的范围内。

4. 控制燃气分离器液位在技术要求范围内。

● **检查调速系统**

潜在风险：调速失灵、超速。

控制措施：

1. 调速器应灵活、无泄漏，拉杆机构无卡阻，超速停车开关灵活、无松动。

2. 确保调速器处于怠速状态。

● **检查点火系统**

潜在风险：触电、摔伤、击伤。

控制措施：

1. 连接磁电机电源线时，手应避开磁电机仪表供电输出接线柱，避免触电。

2. 手动盘车时，人应与飞轮平行站立并均衡用力。

● **检查液压系统**

潜在风险：人员摔伤、泄漏污染。

控制措施：

1. 保持液压油加注平台清洁。

2. 检查管路，应无松动、破损、泄漏；添加单层油缸液压油时，应先关闭液压油平衡气，严禁运行时添加；添加双层油缸液压油时严格按照操作程序操作。

● **检查仪表控制系统**

潜在风险：仪表失效。

控制措施：

1. 检查仪表接线是否正确、紧固，避免振动引起接线脱落。

2. 确认各系统的安全保护设置参数设置在技术要求范围内。

● **检查润滑系统和预润滑**

潜在风险：摔伤、高空坠落、泄漏污染、设备损坏。

控制措施：

1.检查润滑油管路是否畅通，应无松动、脱落、破损、泄漏、气阻等异常现象；控制阀处于全开状态，油位正常。

2.应做好添加高架油箱机油时的安全防范措施，防止高空坠落。

3.加油所用器具要保持清洁。

4.采用手摇预润滑的同时进行盘车，盘车不得少于2～4圈。

5.确保各润滑部位的油量充足到位，防止润滑不足造成机械安全事故。

6.进入冬季时，严格按冬季启机操作程序操作。

● **盘车**

潜在风险：摔伤、触电、机械伤害、物体打击。

控制措施：

1.盘车前断开点火能量：非屏蔽式点火系统机组必须断开火花塞，屏蔽式点火系统断开磁电机电源线，同时打开动力缸盖上的放泄阀和放散球阀，避免盘车阻力过大。

2. 屏蔽式点火系统机组，盘车时不能同时按下仪表盘上的复位按钮。

3. 盘车完毕必须关闭放泄阀和放散球阀，启机时避免高压气喷出导致人员伤害。

4. 连接磁电机电源线时，应防止接触磁电机仪表供电输出接线柱。

● 检查启动系统

潜在风险：仪表失效、启动管道固定不牢、物体打击。

控制措施：

1. 检查启动管道，应固定牢靠、阀门完好、畅通无阻。

2. 启动气源压力仪表工作正常，管道、阀门无泄漏，连接可靠。

3. 启动气源压力在技术要求范围，防止启动压力过高。

● 压缩工艺系统检查及准备

潜在风险：摔伤、憋压、中毒、内燃、爆炸。

控制措施：

1.确认机组原料气进气阀、放空阀关闭；进、排气旁通阀和排气阀打开。

2.如果工艺气系统需进行打开作业，必须严格按作业许可要求作业，对系统进行氮气置换。

3.启机空运时，保持压缩工艺系统压力 0.2MPa 左右，避免造成负压运行。

三、整体式燃气发动机/压缩机组启机及空负荷运行操作

● 缸头启动

潜在风险：超压、飞车、物体打击、绞伤。

控制措施：

1.启机前严禁非操作人员靠近飞轮，并确认飞轮、冷却器风扇等旋转部件护罩完好，避免对人员造成机械伤害。

2.启动阀未关闭，严禁同时打开燃气球阀，防止爆燃事故发生。

3.当启动转速达到着火转速先关闭启动阀,然后打开燃气球阀,机组运行时任何人员不得上机身或进入冷却器作业,防止机械绞伤。

● **气马达启动**

潜在风险:绞伤、飞车、物体打击。

控制措施:

1.启机前严禁非操作人员靠近飞轮,并确认飞轮、冷却器风扇等旋转部件护罩完好,避免对人员造成机械伤害。

2.确认仪表控制系统处于启动状态,气马达齿轮处于复位状态,严禁飞轮外齿与气马达齿轮咬合时启动,启动后气马达齿轮不能及时复位易造成齿轮散爆,导致人员打击伤害。

3.每次启动时间不应超过规定值。若一次未能启动成功,必须待飞轮停止转动后,才能进行下一次启动,否则有损坏启动齿轮的危险。若有故障应找出原因,排除故障后才能进行下一次启动。

● **机组空负荷运行**

潜在风险：安全停机保护失灵、运行参数超限、摔伤、烫伤、绞伤、松动泄漏。

控制措施：

1. 确认按技术要求设置停机保护参数。

2. 检查仪表接线是否松动，避免振动引起接线脱落，造成传输数据误差，影响机组安全运行。

3. 严格控制运行参数在技术要求范围内。

4. 曲轴箱油位计液面不在正常范围内严禁加载。

5. 落实防滑、防撞击措施，避免人员出现摔伤及其他伤害。

6. 检查转动部件时严禁将工具、毛巾、棉纱等用品靠近旋转部位。

7. 各系统连接部位应无松动，管道无跑、冒、滴、漏现象，发现异常及时停机整改。

8. 确认各项数据显示正常、真实，在技术要求范围内，站控终端显示数据与就地仪表盘上数据应一致，数据漂移不能超过2%。有异常及时处理。

四、整体式燃气发动机/压缩机组加载操作

● **机组加载，负荷运行**

潜在风险：超速、超振、飞车、爆炸。

控制措施：

1. 确认机组运行参数全部达到加载状态。

2. 加载前再次确认排气阀开启，防止压缩设备及管线超压、憋压。

3. 严禁快速打开进气阀，导致气体瞬间流速过快，造成分离器滤网损坏，水、杂质带入气阀、气缸损伤部件。

4. 关闭进、排气旁通阀，同时调整转速至规定范围，防止机组超速或低转速运行。

5. 再次确认各系统运行参数并调节控制在技术要求范围内。

● **机组负荷运行中的检查**

潜在风险：超温、超速、超振、摔伤、烫伤。

控制措施：

1. 落实防滑、防撞击、防火措施，防止人员出现

摔伤、烫伤等伤害。

2. 正确使用工具器具，严格按照巡回检查制度要求的巡检周期、巡检路线、巡检点和巡检内容进行巡检和记录。

3. 通过站控终端显示数据与就地仪表盘上显示数据对比，确保参数显示数据准确。对比误差不能超过2%。

4. 再次确认各运行参数在技术要求范围内。

五、整体式燃气发动机/压缩机组正常停机操作（机组本身无异常）

● 机组卸载、无负荷运行、停机操作

潜在风险：止回阀内漏、超压、超速、滑倒摔伤、压缩缸内负压引起爆炸、运动部件过热受损。

控制措施：

1. 落实防滑、防撞击措施，防止人员出现摔伤或其他伤害。

2. 调低转速至额定转速的80%~90%内，缓慢打开进、排气旁通阀卸载，控制开启速度防止超速飞车。

3.打开旁通阀卸载。打开旁通阀卸载时进气压力若呈上升趋势，说明止回阀内漏，应立即关闭旁通阀。然后由2人同时操作:1人关排气阀，同时另1人缓开旁通阀，避免压缩机憋压超限。止回阀出现内漏也可采用紧急停机方式停机，具体操作见紧急停机操作。

4.缓开放空阀保持压缩机工艺系统压力控制在0.2～0.4MPa左右后关闭放空阀，避免缸内产生负压。

5.当环境温度在15℃以上（包括15℃）无负荷运行时间为5～10min；环境温度在15℃以下无负荷运行时间为10～15min，使主机温度平稳降低，防止运动副及缸套等局部过热受损。

6.缓慢打开放空阀，当听见有气流通过时要观察火炬燃烧情况，排放量过大易造成环境污染。

7.放空为零时立即关闭放空阀，防止放空管内的污水回窜。

8.确保断开点火能量（切断燃料气），检查打开动力缸盖上的放泄阀和放散球阀。

9.缓慢盘车3～5圈并同时注油至各润滑点，盘车时确保不会造成人员、设备伤害。

六、整体式燃气发动机/压缩机组紧急停机操作

● **紧急停机、卸载放空**

潜在风险：紧急停机联锁失效、机组失控、中毒、着火、爆炸、摔伤、机械伤害、止回阀出现内漏高压气反窜超压。

控制措施：

1. 定期对自动控制联锁停机装置的有效性进行测试，并做好测试过程、结果等记录。

2. 根据现场情况作出正确的判断，在确保自身安全的前提下采用最快捷的方式实施紧急停机。

3. 停机联锁失效或机组失控时，应选择正确的逃生路线。

4. 落实防滑、防撞击措施，避免人员出现摔伤及其他伤害。

5. 关闭工艺气进气阀，打开旁通阀卸载。若压缩

机内压力呈上升趋势，说明止回阀内漏，应立即关闭工艺气排气阀，然后再开旁通阀。

6. 放空为零时立即关闭放空阀，防止放空管线内的污水窜入进气分离器。

7. 缓慢盘车 8～10 圈并同时注油至各润滑点，确保机组各摩擦副温度逐渐下降到润滑油闪点以下。注意盘车时确保不会造成人员、设备伤害。

七、分体式发动机/压缩机组状态检查操作

● **检查各部件螺栓紧固情况**

潜在风险：摔伤、高空坠落、连接松动造成安全隐患。

控制措施：

1. 熟练掌握各类工器具的正确使用方法。

2. 做好防滑、防坠落措施。

3. 各大系统的连接应无缺、漏、松动现象。

● **检查冷却系统**

潜在风险：摔伤、高空坠落、结垢堵塞、设备损坏。

控制措施：

1. 确保夹套水和辅助水循环系统流程阀门开关正确无阻碍，管路畅通。

2. 严格检测防冻液冰点，检查并补充加注冷却系统液位至正常水位区域。

3. 添加冷却液应落实防止高空坠落的安全措施。

4. 环境温度过低时严格控制注入的冷却液温度，防止急剧热胀冷缩造成夹套破裂。

5. 吹扫冷却管束时，应佩戴护目镜、口罩，并控制喷枪压力，防止高压伤人。

6. 发动机与空气冷却器的联轴器外应装有防护罩，防止运转部件脱落伤人。

● **检查燃料气系统**

潜在风险：摔伤、高处坠落、调节机构失灵、压力超限、燃气带液等。

控制措施：

1. 检查氧气传感器时应做好防滑、防坠落措施。

2. 检查步进电机、燃气调压力调节器、混合器等工作可靠，避免出现调节机构失灵。

3.检查仪表压力显示是否正确，燃料气压力控制在发动机使用说明书技术要求规定的范围内。

4.控制燃气分离器液位在技术要求范围内。

● **检查进、排气系统**

潜在风险：摔伤、高处坠落、夹伤。

控制措施：

1.检查涡轮增压器、中冷器应做好防滑、防坠落措施。

2.检查空气滤清器滤芯，应小心操作，防止手部被夹伤。

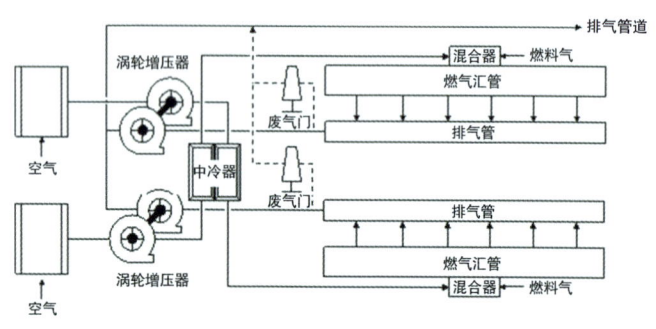

发动机的进、排气系统流程图

● **检查调速系统**

潜在风险：调速失灵、超速。

控制措施：

1. 检查调速器和节气门的拉杆活动灵活、连接牢靠。

2. 使用手动控制的调速器，应使速度控制手柄处于怠速位置，避免启动过程中发动机超速；使用电子调速的调速器，应使调速器刻度盘上的超速保护设置在技术要求范围内。

● **检查点火系统**

潜在风险：触电、摔伤、击伤。

控制措施：

1. 检查 ESM 模块、点火电源模块线路时，应确认点火系统电源已经断开，避免发生触电伤害。

2. 检查点火系统时应做好防滑措施，并正确使用工具，防止人员摔伤、击伤。

● **检查仪表控制系统**

潜在风险：仪表失效。

控制措施：

1. 检查仪表接线是否正确、紧固，避免振动引起接线脱落。

2.确认各系统的安全保护设置参数设置在技术要求范围内。

● **检查润滑系统和预/后润滑系统**

潜在风险:摔伤、高空坠落、泄漏污染、设备损坏。

控制措施:

1.检查发动机曲轴箱、压缩机曲轴箱的油位是否正常,控制阀应处于全开位置,发动机外部油路畅通;压缩机润滑油管路无脱落、破损、泄漏、气阻等异常现象。

2.做好添加高架油箱机油时的安全防范措施,防止高空坠落。

3.加油所用器具要保持清洁。

● **压缩机预润滑**

潜在风险:盘车时发动机突然点火伤人,低温运行前润滑不均匀导致局部磨损严重。

控制措施:

1.使用手摇预润滑的同时进行盘车,盘车不得少于2~4圈,盘车前应断开点火能量,防止误操作启动机组造成人员伤害。

2.确保各润滑部位的油量充足到位，防止润滑不足造成机械安全事故。

3.进入冬季时，严格按冬季启机操作程序操作。

● **检查启动系统**

潜在风险：仪表失效、启动管道固定不牢、物体打击、设备损坏。

控制措施：

1.检查空压机工作是否正常，确认压力仪表显示正常，压缩空气管道、阀门无泄漏，连接可靠。

2.启动气源压力在技术要求范围，防止启动压力过高损坏气马达。

● **压缩工艺系统检查及准备**

潜在风险：摔伤、憋压、中毒、内燃、爆炸。

控制措施：

1.确认机组原料气进气阀、放空阀关闭；进、排气旁通阀和排气阀打开。

2.如果工艺气系统需进行打开作业，必须严格按作业许可要求作业,对系统进行氮气置换。

3. 启机空运时保持压缩工艺系统压力 0.2MPa 左右,避免造成负压运行。

八、分体式发动机/压缩机组启机及空负荷运行操作

● **采用手动预润滑和启动方式的发动机启机**

潜在风险:飞车、物体打击、绞伤、设备损坏。

控制措施:

1. 启机前严禁非操作人员靠近飞轮,并确认飞轮、冷却器风扇等旋转部件护罩完好,避免对人员造成机械伤害。

2. 应确保按下预润滑按钮的时间在 5min 以上,系统油压达到规定值方可进行下一步操作,避免预润滑不充分造成设备损坏。

3. 听到发动机点火声或发动机转速发生明显变化后,应立即松开"START"按钮,防止飞轮高速旋转打坏气马达齿轮。

● **采用 ESM 系统自动控制预润滑和启动时间的发动机启机**

潜在风险：飞车、物体打击、绞伤、设备损坏。

控制措施：

1. 启机前严禁非操作人员靠近飞轮，并确认飞轮、冷却器风扇等旋转部件护罩完好，避免对人员造成机械伤害。

2. 按下"启动"按钮前，应确认仪表盘上发动机速度转换旋钮处于"空转"位置，避免发动机启动后转速突然升得过高造成设备损坏。

3. 发动机首次启动前，应检查 ESM 系统中"启动菜单"各项控制参数设置正确。

● **机组空负荷运行**

潜在风险：安全停机保护失灵、运行参数超限、摔伤、烫伤、绞伤、松动泄漏。

控制措施：

1. 确认按技术要求设置停机保护参数。

2. 检查仪表接线是否松动，避免振动引起接线脱落，造成传输数据误差，影响机组安全运行。

3. 严格控制运行参数在技术要求范围内。

4. 机组各运行参数未满足加载条件要求严禁加载。

5. 落实防滑、防撞击措施，避免人员出现摔伤及其他伤害。

6. 检查转动部件时严禁将工具、毛巾、棉纱等用品靠近旋转部位。

7. 各系统连接部位应无松动，管道无跑、冒、滴、漏现象，发现异常及时停机整改。

8. 确认各项数据显示正常、真实，在技术要求范围内，站控终端显示数据与就地仪表盘上数据应一致，数据漂移不能超过 2%。有异常及时处理。

九、分体式发动机／压缩机组加载操作

● **机组加载，负荷运行**

潜在风险：超速、超振、飞车、爆炸。

控制措施：

1. 确认机组运行参数全部达到加载状态。

2. 加载前再次确认排气阀开启，防止压缩设备及管线超压、憋压。

3. 严禁快速打开进气阀，导致气体瞬间流速过快，造成分离器滤网损坏，水、杂质被带入气阀、气缸损伤部件。

4. 关闭进、排气旁通阀，将发动机速度转换旋钮旋至"额定位置"，同时调整转速至规定范围，防止机组超速或低转速运行。

5. 再次确认各系统运行参数并调节控制在技术要求范围内。

● **机组负荷运行中的检查**

潜在风险：超温、超速、超振、摔伤、烫伤。

控制措施：

1. 落实防滑、防撞击、防火措施，防止人员出现摔伤、烫伤等伤害。

2. 正确使用工具器具，严格按照巡回检查制度要求的巡检周期、巡检路线、巡检点和巡检内容进行巡检和记录。

3. 通过站控终端显示数据与就地仪表盘上显示数据对比,确保参数显示数据准确。对比误差不能超过 2%。

4. 再次确认各运行参数在技术要求范围内。

十、分体式发动机/压缩机组正常停机操作(机组本身无异常)

● **机组卸载、无负荷运行、停机操作**

潜在风险:止回阀内漏、超压、超速、滑倒摔伤、压缩缸内负压引起爆炸、运动部件过热受损。

控制措施:

1. 落实防滑、防撞击措施,防止人员出现摔伤及其他伤害。

2. 缓慢打开进、排气旁通阀门卸载,同时降低发动机转速。

3. 打开旁通卸载。打开旁通卸载时进气压力若呈上升趋势,说明止回阀内漏,应立即关闭旁通阀,然后由2人同时操作:1人关排气阀,另1人同时缓开旁通阀,避免压缩机憋压超限。止回阀出现内漏也可采用紧急停机方式停机,具体操作见紧急停机操作。

4. 缓开放空阀保持压缩机工艺系统压力控制在 0.2～0.4MPa 左右后关闭放空阀,避免缸内产生负压,同时将发动机速度转换旋钮旋至"空转"位置。

5. 当环境温度在15℃以上(包括15℃),无负荷运行时间为 5～10min,环境温度在15℃以下,无负荷运行时间为 10～15min;使主机温度平稳降低,防止运动副及缸套等局部过热受损。

6. 缓慢打开放空阀,当听见有气流通过时,观察并根据火炬燃烧情况,控制放空阀的开度,避免排放量过大可能导致火炬熄灭,造成环境污染。

7. 放空为零立即关闭放空阀,防止放空管内的污水回窜。

8. 采用 ESM 系统的发动机,在按下"停车"按钮前应确认启动系统的压缩空气控制阀门处于全开位置,以确保发动机能充分后润滑;采用手动预/后润滑的发动机,在发动机停车后应确保按下"预/后润滑"按钮5min以上。

9.对压缩机进行后润滑,并同时盘车3~5圈,盘车时确保不会造成人员、设备伤害。

十一、分体式发动机/压缩机组紧急停机操作

● **紧急停机、卸载放空**

潜在风险:紧急停机联锁失效、机组失控、中毒、着火、爆炸、摔伤、机械伤害、止回阀出现内漏高压气反窜超压。

控制措施:

1.定期对自动控制联锁停机装置的有效性进行测试,并做好测试过程、结果等记录。

2.根据现场情况作出正确的判断,在确保自身安全的前提下,采用最快捷的方式实施紧急停机。

3. 停机联锁失效或机组失控时，应选择正确的逃生路线。

4. 落实防滑、防撞击措施，避免人员出现摔伤及其他伤害。

5. 关闭工艺气进气阀，打开旁通阀卸载。若压缩机内压力呈上升趋势，说明止回阀内漏，应立即先关闭工艺气排气阀，然后再打开旁通阀。

6. 放空为零时立即关闭放空阀，防止放空管线内的污水窜入进气分离器。

7. 采用ESM系统的发动机，实施紧急停机后应立即打开启动气控制阀，确保发动机后润滑能够充分。采用手动预/后润滑的发动机，在发动机紧急停车后应确保按下"预/后润滑"按钮5min以上。

8. 缓慢盘车8～10圈并同时对压缩机进行后润滑，确保机组各摩擦副温度逐渐下降到润滑油闪点以下。注意盘车时确保不会造成人员、设备伤害。

十二、天然气压缩机润滑油循环加热系统操作

潜在危险：火灾、爆炸、触电、机械伤害、超压。

控制措施：

1. 启动前断开电源，检查线路确保安全可靠，润滑油管路无滴漏现象。

2. 油管路阀门开关正确，避免造成油管憋压破裂。

3. 加热泵运行时实施人员监控，温度设定值为27～38℃，当油温达到38℃时，系统未自动停止应立即手动停止电源。

4. 在压力过高或过低时，可以通过调节管路上的溢流阀来调节至正常工作压力，防止憋压。

5.定期清洗Y型过滤器、更换精滤器，当精滤器前后压力表压差达到0.2MPa时，则应更换精滤器。

6.严格进行运行监控、巡检和维护，杜绝跑、冒、滴、漏现象，发现问题及时处理。

7.及时进行清洁、调整、紧固、防腐，发现问题及时处理。

十三、空气压缩机操作

潜在危险：爆炸、触电、机械伤害、噪声、灼烫。

控制措施：

1.严格进行生产监控、巡检和维护，杜绝跑、冒、滴、漏现象，发现问题及时处理。

2.启动前必须清理机身上的工具、杂物等,并按操作规程进行检查。

3.空压机维修前,应有效切断气源和用电负荷。

4.空压机电气维修应由具备电气维修资质的人员进行,并必须有人监护。

5.及时进行清洁、润滑、调整、紧固、防腐,发现问题及时处理。

十四、分离器操作

潜在危险:火灾、爆炸、中毒、高处坠落。

控制措施:

1.严格进行生产监控、巡检和维护,防止出现假液位，杜绝跑、冒、滴、漏现象，发现问题及时处理。

2.进行手动排污，动作应缓慢，当听到有气流通过时，迅速关闭排污阀，防止天然气窜入污水储罐，造成天然气泄漏。

3.分离器内部检修时，必须办理进入有限空间作业许可手续，落实安全措施，并必须有人监护。

4.在分离器顶部进行更换压力表、装卸安全阀等操作时，注意防止坠落。

5.需进行导压管吹扫，操作人员不得正对吹扫口，防止气体刺伤。

6.分离器充压必须按要求缓慢进行。

十五、汽油发电机操作

潜在危险：火灾、爆炸、触电、机械伤害、噪声、

灼烫。

控制措施:

1.严格进行生产监控、巡检和维护,杜绝跑、冒、滴、漏现象,发现问题及时处理。

2.发电机房应保持通风良好。

3.启动前,必须清理机身上的工具、杂物等,并按操作规程进行检查。

4.发电机维修前,应有效切断电源和用电负荷;对水箱内冷却水、排气系统和缸体进行充分冷却,防止意外烫伤。

5.发电机电气维修应由具备电气维修资质的人员进行,并必须有人监护。

6.定期检查蓄电池使用状态,补充电解液时,若操作人员不慎将蓄电池电解液溅入眼睛,应及时用清水进行清洗。

7.及时进行清洁、润滑、调整、紧固、防腐,发现问题及时处理。

8.在发电机运行中或没有冷却前不得给发电机补

加冷却液,否则易造成人员烫伤。

十六、更换压力表操作

潜在危险:物体打击、中毒。

控制措施:

1.选定校验合格的压力表,工作压力应处于所选压力表量程 1/3～2/3 的范围,且所选压力表适用的介质必须与工作介质相一致。

2.更换压力表前,应关闭取压阀,打开压力表放空阀泄压至表压为零,否则将造成压力表打飞,造成人员意外伤害。

3.装卸压力表应平稳操作。

4.更换完成后,应侧身缓慢开启取压阀,严禁正对压力表表面打开取压阀,防止压力表意外伤人。

5.验漏合格后,做好更换记录后方可离开。

十七、用电操作

潜在危险:触电。

控制措施:

1.电源切换操作必须遵循"先断电,后送电"的原则。

2.必须按规程操作空气开关和双头闸刀,否则将会造成电弧伤人。

3.若变压器高压熔断器跌落,操作人员不得进行私自处理,必须报告上级安排专业人员进行处理。

4.操作过程中必须有人监护。

十八、清洗更换孔板操作

潜在危险：火灾、爆炸、机械伤害、物体打击、中毒。

控制措施：

1. 操作前必须佩戴便携式气体检测仪（三合一）。

2. 高含硫气井操作全过程必须佩戴空气呼吸器。

3. 提出导板时，严禁正对上阀腔槽口上方操作，防止导板孔板组件意外冲出伤人。

4. 拆装顶丝、摇动三轴（上、下齿轮轴和滑阀轴）时，严禁正对上阀腔槽口轴线方向操作，防止意外冲出伤人。

5. 放空泄压时严禁正对泄压口操作，防止硫化氢中毒、天然气窒息。

6. 操作人员至少两人：一人操作，一人监护确认（计量装置通径大于200mm的高级孔板阀，上提孔板和下装孔板时都需两人操作，一人监护。辅助操作人员必须听从主操作人员的口令，并安全站位）。

7. 在密闭工作场所维护保养高级孔板阀时，应使用防爆工具。

8. 非直接操作人员严禁进入操作区域。

9.监护人身旁应放置两具灭火器。

十九、火炬放空操作

潜在危险:火灾、爆炸、中毒、环境污染。

控制措施:

1.确认放空口周围无火种,无人、畜。

2.必须先点火,后放空。

3.放空时要缓慢进行,控制放空速度,防止放空管发生振动或破裂。

4.不能长时间大压差放空,防止管线发生冰堵、刺漏。

5.当有两个以上放空口时,及时关闭处于低处的放空口,防止抽吸空气,发生燃烧或爆炸。

二十、天然气压缩机维护保养过程的HSE风险控制

潜在危险:火灾、爆炸、中毒、环境污染、摔伤、砸伤、机械伤害、设备损坏。

控制措施:

1.认真履行属地方监督责任,按作业许可管理要

求严格对作业现场进行管理。

2. 维护保养作业场所布局必须规范：作业区域必须设置警戒线，进出口通道、地面无油污及阻碍物，以免其影响作业活动安全进行、安全通道畅通无阻。

3. 天然气压缩机维护保养必须严格按照维护保养规程要求逐项进行，并达到天然气压缩机维护保养质量要求。

4. 所有天然气压缩机维护保养过程及结果都必须有记录，并有作业方和属地方签字。

5. 天然气压缩机维护保养过程，严禁多人合作无事前沟通，不协同一致作业。

6. 天然气压缩机维护保养过程，严禁将拆下的零部件、工具和其他任何物品放置在压缩机机组上，以免掉入机组内部导致设备损毁。

7. 天然气压缩机维护保养完成后，必须经试运行验收合格方可交给属地方使用，并保存设备完整试运行记录资料。

第三章 事故报告

一、事故报告的原则

1. 无论任何大小事故、事件，都必须向上级进行报告。

2. 任何事故，均应在第一时间以最快的方式报告。

二、事故报告的程序

1. 当事故发生后，场站的值班人员或其他人员应立即向所属生产单位调度室汇报，调度室值班人员应立即向厂级调度值班人员汇报，同时向本单位相关人员发布事故信息。

2. 厂级调度值班人员接到基层单位的事故报告后，应立即向公司级调度中心值班人员汇报，同时根据管网情况进行合理的调配，并向本单位相关人员发布信息。

3. 紧急情况要同时报警。如有人员受伤、中毒事故，应迅速组织人员抢救；天然气泄漏、火灾、爆炸、天然气超压等事故，按相应预案进行处理。

三、事故报告的内容

1. 事故发生的时间和地点。

2. 事故发生的简单经过。

3. 事故原因的初步判断。

4. 人员伤亡情况。

5. 目前采取的措施。

四、报警电话

119 火警

120 急救

110 匪警

第四章 突发事件的处理程序

任何突发事件的处理，应严格按照所在单位事故事件管理程序和办法进行管理。

抢险人员必须根据事件类别正确选用和佩戴个人防护用品、监测报警仪器，首先确保自身安全，再进行应急处置。如有人员伤害，原则上第一时间应进行人员救治。

一、燃料气压力超限应急处理程序

1. 解除调压阀故障，将燃料气压力调节到技术要求范围内。
2. 解除燃料气管线堵塞或泄漏。
3. 当燃料气压力超限已经影响到机组的安全运行时，应进行紧急停机。

二、转速超限应急处理程序

1. 将燃料气压力调节到技术要求范围内。

2.在机组卸载过程中,控制好卸载速度,同时调节机组转速。

3.解除调速系统故障,确保调速系统正常工作。

4.当转速超限已经影响到机组的安全运行时,应进行紧急停机。

三、夹套水温超限应急处理程序

1.解除冷却水管道的堵塞或泄漏,保证管道畅通。

2.开启节温器的调节手轮。

3.逐步补充冷却水,确保水位正常。

4.当夹套水温超限已经影响到机组的安全运行时,应进行紧急停机。

四、动力缸排温超限应急处理程序

1.调节机组负荷在额定范围内。

2.处理冷却系统故障,保证冷却效果良好。

3. 解除润滑系统故障，确保润滑良好。

4. 当动力缸排温超限已经影响到机组的安全运行时，应进行紧急停机。

五、压缩缸排温超限应急处理程序

1. 调节压力比在机组额定范围内。

2. 处理冷却系统故障，确保冷却效果良好。

3. 解除润滑系统故障，确保润滑良好。

4. 当压缩缸排温超限已经影响到机组的安全运行时，应进行紧急停机。

六、天然气泄漏应急处理程序

1. 根据情况对压缩机进行正常卸载停机或采取紧急停机。

2. 迅速撤离人员。

3. 及时消除点火源。

4. 立即关闭上、下游阀门，切断气源，并进行放空。

5. 根据泄漏量和现场风向等情况，建立有效的隔离区域，禁止无关人员进入。

七、天然气火灾、爆炸应急处理程序

1. 根据情况对压缩机进行正常卸载停机或采取紧急停机。

2. 迅速撤离人员。

3. 在有效防护下，截断气源。

4. 打开放空系统进行泄压。

5. 必要时，用水对火点周围设备进行冷却。

6. 在确保泄漏的气体扩散能得到有效控制时，进行灭火。对于小火，可以立即用移动式灭火器灭火。

7. 火势过大或设备、管线出现摇晃、变形、倾斜、发出异常响声等危险状态，应迅速撤离，扩大警戒区域，等待专业消防队伍灭火。

八、电气火灾应急处理程序

1. 根据情况对压缩机进行正常卸载停机或采取紧

急停机。

2.迅速撤离人员。

3.迅速落实火灾地点及火灾大小，建立有效的隔离区域，禁止无关人员进入。

4.迅速切断附近气源。

5.迅速切断电源，如有必要从站外切断电源。

6.对于小火，使用二氧化碳、干粉灭火器进行灭火。

7.如火势不可控制，应扩大警戒区域，等待消防队伍灭火。

九、天然气超压应急处理程序

1.根据情况对压缩机进行正常卸载停机或采取紧急停机。

2.迅速打开最近的放空阀泄压。

3.切断上、下游气源。

4.发生泄漏、火灾、爆炸等事故则按相应处理程序进行处理。

十、人身伤害处理程序

● **触电的现场急救**

1. 迅速切断电源,使触电者脱离带电体。

2. 对于低压触电,立即切断电源或用有绝缘性能的木棍棒挑开电源线,隔绝电流。

3. 对于高压触电,立即断开高压隔离开关;不能及时断开的,应立即通知有关部门停电。

4. 应根据触电者的具体情况,迅速对症救护,并报警求救。如果出现心跳骤停,立即实施心肺复苏。

● **硫化氢中毒的现场急救**

1. 迅速转移中毒者至空气新鲜处,松解衣扣和腰带,清除口腔异物,维持呼吸道通畅,并报警求救。

2. 有条件时应立即给予吸氧。对呼吸、心脏跳动突然停止的伤员立即实施心肺复苏。

3. 对有眼刺激症状者,立即用清水冲洗,就医。皮肤接触者应脱去污染的衣着,立即用肥皂水和清水彻底冲洗皮肤,并及时就医。

● **烧伤的现场急救**

1.眼睛烧伤：使受伤侧脸部朝下，健侧脸部朝上，水从患者鼻梁处向受伤眼一侧的脸颊部冲洗，水不能开得过大。

2.脸部烧伤：用脸盆盛满水，将脸部浸在水盆里清洗，或用湿毛巾捂在脸部冷敷15min。如出现水泡，注意不要弄破，湿毛巾要更换数次。

3.其他部位烧伤：应将烧伤的创面处理干净，用大量的冷水冲洗，然后再用纱布包好，送医院治疗。

4.衣服烧着时：衣服烧着时，若脱衣服困难，应立即躺倒，采取滚动方式，进行灭火；或用干粉灭火器灭火（注意不要向对方的面部喷射）；或用毛毡、大衣裹紧其身体灭火，注意包裹时，要从距离头部最近的地方开始包裹。

● **机械伤害的急救**

1.骨折的急救：

（1）固定断骨的材料可就地取材，如木棍、树枝、木板、硬纸板等都可作为固定材料，固定材料的长短要以能固定住骨折处上下两个关节或不使断骨错动为准。

（2）脊柱骨折或颈部骨折时，除非是特殊情况，如室内失火，否则应让伤者留在原地，等待专业医护人员处理。

（3）抬运伤者，要多人同时缓慢用力平托，运送时必须用木板或硬材料，不能用布担架或绳床。

2.出血的急救：

（1）一般伤口小的出血，先用生理盐水清洗伤口处，再用红汞药水涂擦，最后盖上消毒纱布，用绷带较紧地包扎。

（2）严重出血时，应用压迫止血法。该法适用于头、颈、四肢动脉出血的临时止血。即用手指或手掌用力压住伤口距心脏最近部位的动脉跳动处（止血点）。如果位置找准，这种方法能马上起到止血作用。

（3）身体上通常有效的止血点主要有上臂动脉（用4个手指掐住上臂的肌肉并压向臂骨）、大腿动脉（用手掌的根部压住大腿中央稍微偏上点的内侧）、桡骨动脉（用3个手指压住靠近大拇指根部的地方）。

● **中暑急救**

1.立即将中暑人员从高温环境转移至阴凉通风处休息。

2.用冷水擦浴、湿毛巾覆盖身体、电扇吹风或在头部放置冰袋等方法降温，并及时给病人口服淡盐水，中暑严重者送医院治疗。

第五章 应急设备

一、几种常见灭火器的使用方法

● **手提式干粉灭火器**

先撕掉小铅块,拔出保险销,一只手用力压下压把后,提起灭火器,另一只手握住喷嘴,喷嘴对准火焰根部,由近及远进行灭火。主要用于初期火灾扑灭。

● **推车式干粉灭火器**

一般由两人操作。使用时将灭火器迅速拉到或推到火场,在距离起火点10m左右时停下。一人将灭火器放稳,然后拔出保险销,迅速展开喷射软管,

57

拿住喷枪，对准火焰根部；另一人压下压把，由近及远喷粉灭火。

● 二氧化碳灭火器

将灭火器提到起火地点，在距离起火点 5m 处时停下，将喷嘴对准火源，打开开关，即可进行灭火。若使用鸭嘴式二氧化碳灭火器，应先拔下保险销，一只手紧握喷嘴把手，另一只手将启闭阀压把压下；若使用手轮式二氧化碳灭火器，应向左旋转手轮。

● 手提式化学泡沫灭火器

手提筒体上部的提环，迅速赶赴起火区域，当距离起火点 10m 左右时停下，可将筒体颠倒过来。一只手紧握提环，另一只手扶住筒底的底圈，将泡沫射流对准燃烧物。

● 推车式化学泡沫灭火器

操作时要求由两个人操作。使用时，先将灭火器迅速推到火场，当距离着火点 10m 左右时停下，由一人施放喷射软管后，双手紧握喷枪对准燃烧物；另一人则先按逆时针方向转动手轮，将螺杆升至最高位置，使瓶盖完全开足，然后将瓶体倾倒，使拉杆触地，并将阀门手柄旋转90°，即可喷射泡沫进行灭火。由于它的喷射距离远，连续喷射时间长，因而可充分发挥其优势，用来扑灭面积较大的贮槽或油罐车上的初起火灾。

注：使用以上灭火器均应站在着火点上风侧，并保持有效安全距离，使用后的灭火器应立即撤离现场。

二、几种应急救援设备的使用方法

● **正压式空气呼吸器**

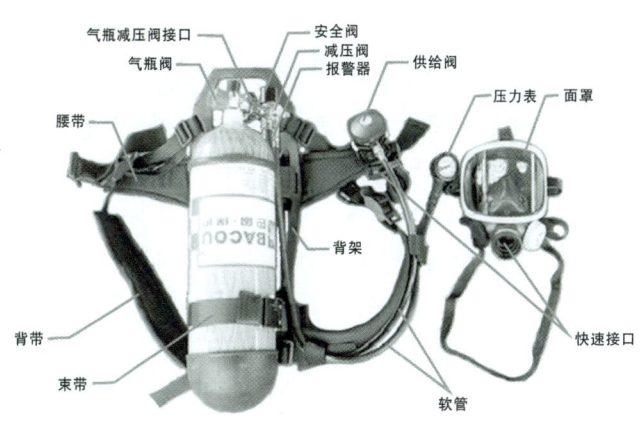

1.气瓶连接:

对气瓶固定带进行调节,使气瓶能牢固连接在背架上。检查气瓶高压减压阀与气瓶的连接是否牢固无泄漏。

2.泄漏实验:

打开气瓶高压减压阀手轮至少两圈。阅读压力表:300bar(30MPa)的气瓶压力示值应不小于240bar。关闭气瓶高压减压阀。呼吸系统压力的下降值在1min内应小于20bar为合格。

3.报警器检查:

按下供给阀的黄色按钮,慢慢放气,观察压力表,低于5.5MPa±0.5MPa时(红色区)报警哨响,说明正常。

4.空气呼吸器佩戴:

(1)放长肩带,把呼吸器背在背部,气瓶高压减压阀应向下,收紧肩带,直至背架与背部完全吻合舒适为止。

(2)扣上腰带插口,腰带插口凸面朝身体一面,拉紧腰带。

(3)将面罩挂在颈部,双手拉开头带,把面罩套在下巴上，再把头带拉向脑后，扶平头带，依次收紧头带（颈部、两侧、前额）。

（4）用手掌遮住接头入口，吸气，检查面罩的密封性。

（5）打开气瓶高压减压阀至少两圈。

（6）将压供式减压阀连接到面罩上（对准、旋转、听到"咔嚓"声），打开减压阀，猛吸一口气，确保此时呼吸正常。

（7）操作中随时观察压力表，当发现压力降至55bar左右或报警哨声响起时，操作人员应立即返回到安全区域，更换备用气瓶（如果5min之内不能撤离有毒区域，一定要提前明确撤离时间）。

● **紧急供氧装置**

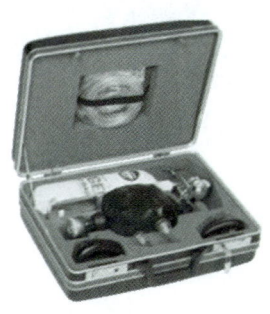
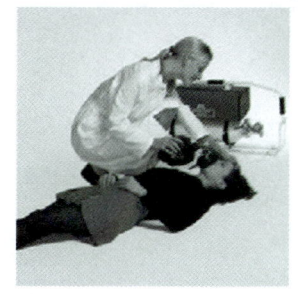

1. 检查减压阀和气瓶连接密闭性，用气密软管将

气囊与减压器连接。

2. 将插管插入中毒人员嘴里靠近嘴唇的部位（因为当只用一只手将面罩扣在中毒人员面部时，中毒人员的嘴有可能会闭上）。然后将插管在嘴里翻转，使凹下的部分顶住舌头，保持插入部分处于牙关之间，并使插管的突出部分触到嘴唇。

3. 选择与中毒人员相配的面罩，将气囊与面罩相连。

4. 清洁口腔，使中毒人员头部后仰以打开其上呼吸道，全部打开氧气瓶瓶阀，打开流量调节器，根据所需调节氧气供应量，抓住气囊并将面罩紧紧扣于中毒人员面部，使顶部贴于鼻梁而进气口靠近嘴部，以保证气密性。

5. 通常先输入纯氧。过一段时间之后，输入高氧气含量的空气。若需要停止供气，需先关闭气瓶阀，当流量表指针归零后，关闭流量调节器。

注意：使用者不得使用油性物质对该装备的任何部件进行操作，或用油腻的手触摸减压阀。一旦氧气接触到油性物质就有可能发生爆炸。

● **自吸便携式可燃气体检测仪**

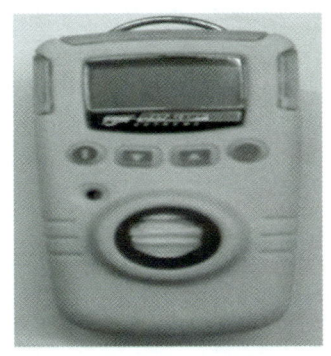

1.检测电池电压,判断电压能否满足使用要求。若不能满足要求,按说明书关于电池型号、规格、极性的要求安装或更换电池。安装或更换电池操作须在非易燃易爆场所进行。

2.零调节必须在新鲜空气中进行。

3.测量。

(1)将吸引管或吸盘靠近所要检测地点进行测量。使用过程中注意不可吸入液体,检测时观察吸引管过滤器,如果发现进入液体,马上关机,停止使用。

(2)检测到气体时,指针或数字稳定下来后,显示值即气体浓度。

(3)检测环境灰尘较大或长时间使用时,需及时更换过滤片或过滤棉,以免影响机器寿命。

(4)检测结束后,必须在非易燃易爆场所继续开机 1～3min,直至显示值归零后方可关闭电源。

附录一 危险化学物品安全资料

一、危险化学品名称：天然气

【理化特性】

常温常压下为无色气体，主要成分为甲烷，含少量乙烷，不含或很少含 C_3 以上烃类组分，脱硫前天然气中含有一定浓度的硫化氢。相对密度（空气=1）约 0.60。

【燃烧与爆炸危险性】

易燃，与空气混合能形成爆炸物性混合物，遇明火、高温有燃烧爆炸危险。与空气的混合物爆炸极限为 5%～15%。

【中毒表现】

长期接触一定浓度的天然气，可造成头晕、头痛、失眠、记忆力减退、食欲不振、无力等神经衰弱症，接触高浓度的天然气，可引起缺氧窒息、昏迷、呼吸困难、以致脑水肿、肺水肿等严重并发症。

【急救措施】

将中毒人员立即脱离现场至空气新鲜处,保持呼吸道畅通。如果呼吸困难,给输氧;如果呼吸停止,进行人工呼吸,并立即就医。

【灭火方法】

切断气源。若不能切断气源,则不允许熄灭泄漏处的火焰。应急人员须穿消防服,佩戴空气呼吸器,在上风向灭火。

【泄漏应急处置】

根据气体的影响区域划定警戒区,无关人员从侧风、上风向撤离至安全区。消除所有点火源。应急人员应佩戴正压自给式呼吸器,穿防静电服。如果脱硫前的干气发生泄漏,应急人员应穿内置正压自给式呼吸器的全封闭防化服。使用防爆等级达到要求的通信工具。采取关闭阀门或堵漏等措施切断气源,并用雾状水保护应急人员。

二、危险化学品名称:硫化氢

【理化特性】

硫化氢为无色气体,在低浓度时具有臭鸡蛋气味,在高浓度时由于嗅觉迅速麻痹而无法闻到臭鸡蛋气味。比空气重,易溶于水,溶于醇类、石油溶剂和原油。

【燃烧与爆炸危险性】

易燃,与空气混合能形成爆炸性混合物,遇明火、高温能引起燃烧爆炸。能在较低处扩散到相当远的地方,遇火源会着火回燃。与空气的混合物爆炸极限为4.3%～46.0%。

【毒性】

硫化氢是一种神经毒剂,也是窒息性和刺激性气体。主要作用于中枢神经系统和呼吸系统,亦可造成心脏等多个器官损害,对其作用最敏感的部位是脑和黏膜。

【侵入途径】

接触硫化氢的主要途径是吸入,硫化氢经黏膜吸收快,皮肤吸收甚少。

【中毒表现】

长期接触低浓度的硫化氢,可引起神经衰弱综合症和自主神经功能紊乱等;

接触较高浓度硫化氢，常先出现眼和上呼吸道刺激，随后出现头痛、头晕、乏力等症状，并发生轻度意识障碍；

接触高浓度硫化氢，出现头痛、头晕、易激动、步态蹒跚、烦躁、意识模糊、谵妄、癫痫样抽搐症状，可呈全身性强直阵挛发作等；可突然发生昏迷；也可发生呼吸困难或呼吸停止后心跳停止；

接触极高浓度硫化氢后可发生电击样死亡，即在接触后数秒或数分钟内呼吸骤停，数分钟后可发生心跳停止；也可立即或数分钟内昏迷，并呼吸聚停而死亡。

【灭火方法】

迅速切断气源。若不能立即切断气源，则不允许熄灭泄漏处的火焰。应急人员须佩戴正压式空气呼吸器，穿防火防毒服，在上风向灭火。喷水冷却容器。如果引燃了周围物质，应根据着火物质性质选用适当的灭火剂灭火。

【泄漏应急处置】

根据毒气的影响区域划定警戒区，无关人员从侧风、上风撤离至安全区。消除所有点火源。应急人员应佩戴正压自给式空气呼吸器。使用防爆等级达到要求的通信工具。采取关闭阀门或堵漏等措施切断气源，并用雾状水保护应急人员。防止气体通过下水道、通风系统和密闭性空间扩散。喷雾状水溶解、稀释泄漏气体，同时注意收集、处理产生的废水。可考虑引燃漏出气以减少有毒气体扩散。

三、危险化学品名称：一氧化碳

【理化特性】

无色、无臭气体。比空气稍轻，微溶于水，溶于乙醇、苯等有机溶剂。

【燃烧与爆炸危险性】

一氧化碳是极易燃烧的气体，与空气混合形成爆炸性混合气体，遇明火可发生爆炸。与空气混合物爆炸极限为 12.5%～74.2%。

【中毒表现】

轻度中毒：出现头痛、头晕、耳鸣、心悸、恶心、呕吐、全身无力症状；

中度中毒：除上述症状外，还有面色潮红、口唇呈樱桃红色、脉搏加快、烦躁、步态不稳、意识模糊症状；

重度中毒：昏迷不醒、瞳孔缩小、肌张力增加、频繁抽搐、大小便失禁症状；

深度中毒：可致死亡；

慢性影响：长期反复吸入一氧化碳可致神经系统和心血管系统损害。

【泄漏应急处置】

在确保自身安全的情况下，迅速转移中毒人员至空气新鲜处，松解衣扣和腰带，清除口腔异物，维持呼吸道通畅，有条件时应立即给予吸氧。对呼吸、心脏跳动突然停止的伤员立即实施心肺复苏，并报警求救。

【灭火方法】

灭火方法：雾状水、泡沫、二氧化碳、干粉、砂土。

四、危险化学品名称：氮气

【理化特性】

常温常压下为无色、无臭的气体。微溶于水和乙醇，比空气稍轻。

【主要用途】

是合成氨的原料，也是一种制冷剂。采气作业中可作为一种安全气，用于氮封、气密、置换、输送等；也可作为液压蓄能器的高压源。

【燃烧与爆炸危险性】

不燃，压缩气体若遇高热，容器内压增大，有开裂和爆炸的危险。

【中毒表现】

常压下氮气无毒。当作业环境中氮气浓度增高、氧气相对减少时，会引起单纯性窒息。

氮在空气中有排挤氧的作用。氮浓度大于84%时，会出现头晕、头痛、眼花、恶心、呕吐、呼吸加快、脉率增加、血压升高、胸部压迫感症状，甚至失去知觉，出现阵发性痉挛、紫绀、瞳孔缩小等缺氧症状，如不及时脱离该环境，可致死亡。皮肤接触液态氮可导致严重冻伤。

【泄漏应急处置】

迅速将病人移离至空气新鲜处。若设备密闭或出口太小,一时难以救出时,应迅速向设备内输送空气,紧急给予吸氧,使用人工呼吸机,有条件时,立即送高压氧舱治疗。如呼吸心跳停止,立即实施心肺复苏术。

【泄漏应急处置】

根据气体的影响区域划定警戒区,无关人员从侧风、上风向撤离至安全区。应急人员应戴正压自给式呼吸器,液氮泄漏时穿防寒服。采取关闭阀门或堵漏等措施切断气源。漏出的氮气允许排入大气中。泄漏场所保持通风。

五、危险化学品名称:甲醇

【理化特性】

无色、有酒精气味、易挥发的液体,通常由一氧化碳与氢气反应制得。

【主要用途】

用于制造甲醛、醋酸、氯甲烷、甲胺和硫酸二甲酯等多种有机产品,也是农药、医药的原料。

【中毒表现】

中毒主要是大量吸入甲醇蒸气或误作乙醇饮入所

致，潜伏期 8～36h，中毒早期呈酒醉状态，出现头昏、头痛、乏力、视力模糊和失眠症状，严重时出现谵妄、意识模糊、昏迷等症状，甚至死亡。

【防护措施】

呼吸系统防护：有可能吸入甲醇蒸气时，佩戴自吸过滤式防毒面具；紧急事态抢救或撤离时，应该佩戴自给式呼吸器。

【泄漏应急处置】

1. 口服中毒者视病情采用催吐或洗胃。吸入或经皮吸收中毒者立即脱离现场，除去被污染的衣物，并清洗污染的皮肤。

2. 严重中毒患者及早采用血液或腹膜透析治疗，以清除已吸收的甲醇及其代谢产物。

3. 根据血气分析或二氧化碳结合力等测定结果及临床表现给予碳酸氢钠溶液，以纠正酸中毒。

4. 口服乙醇，或将乙醇混溶于 5% 葡萄糖溶液中，配成 10% 浓度静脉滴注，使血液中乙醇浓度维持在 21.7～32.6mmol/L，严重中毒者可连用数天。也有人建议可用叶酸每次50mg静脉注射，每4小时1次，连用几天。

5.对症和支持治疗保持呼吸道通畅，危重病人床旁应置有呼吸机，以备突发呼吸骤停时用；防治脑水肿可用20%甘露醇和地塞米松等；意识模糊、朦胧状态或嗜睡者可给纳洛酮；癫痫样发作者可用苯妥英钠；及时纠正水与电解质平衡失调；增加营养，补充多种维生素；避免眼睛直接受光线刺激，可用纱布或眼罩遮盖双眼。

六、危险化学品名称：乙二醇

【理化特性】

又名甘醇，一种简单的二元醇，无色、无臭、有甜味液体。

【主要用途】

能与水以任意比例混合，用作溶剂、防冻剂以及合成聚酯树脂等的原料。

【中毒表现】

乙二醇对动物有毒性，人类致死剂量约为1.6g/kg，成人服食30mL已有可能引致死亡。

吸入中毒表现为反复发作性昏厥，并可有眼球震颤，淋巴细胞增多症状。口服后急性中毒分三个阶段：第一阶段主要为中枢神经系统症状，轻者似乙醇中毒表现，重者迅速产生昏迷抽搐，最后死亡；第二阶段，心肺症状明显，严重病例可有肺水肿，支气管肺炎，心力衰竭；第三阶段主要表现为不同程度肾衰竭。

【防护措施】

呼吸系统防护：在可能吸入甲醇蒸气时，佩戴自吸过滤式防毒面具（全面罩）；紧急事态抢救或撤离时，应该佩戴自给式呼吸器。

【泄漏应急处置】

吸入：迅速脱离现场至空气新鲜处，保持呼吸道通畅。如呼吸困难，给输氧；如呼吸停止，立即进行人工呼吸。就医。

食入：饮足量温水、催吐、洗胃、导泻。就医。

七、危险化学品名称：羟基乙胺

【理化特性】

别名：乙醇胺，无色液体，在室温下为无色透明的黏稠液体，有吸湿性和氨臭。

【主要用途】

用作化学试剂、农药、医药、溶剂、染料中间体、橡胶促进剂、腐蚀抑制剂及表面活性剂等，也用作酸性气体吸收剂、乳化剂、增塑剂、橡胶硫化剂、印染增白剂、织物防蛀剂等。

【燃烧与爆炸危险性】

易燃、遇高热、明火或与氧化剂接触，有引起燃烧的危险。与硫酸、硝酸、盐酸等强酸发生剧烈反应。

【中毒表现】

本品蒸气对眼、鼻有刺激性。眼睛接触液状本品，造成眼损害；皮肤接触引起刺痛和灼伤。

【防护措施】

呼吸系统防护：可能接触其蒸气时，佩戴防毒面具；紧急事态抢救或逃生时，建议佩戴自给式呼吸器。

眼睛防护：戴化学安全防护眼镜。

防护服：穿工作服（防腐材料制作）。

手防护：戴橡皮手套。

【燃烧产物】

一氧化碳、二氧化碳、氧化氮。

【急救措施】

皮肤接触：脱去污染的衣着，立即用流动清水彻底冲洗。

眼睛接触：立即提起眼睑，用流动清水或生理盐水冲洗至少15min，或用3%硼酸溶液冲洗。立即就医。

吸入：迅速脱离现场至空气新鲜处，必要时进行人工呼吸。就医。

食入：误服者立即漱口，给饮牛奶或蛋清。就医。

【泄漏应急处置】

疏散泄漏污染区人员至安全区，禁止无关人员进入污染区，建议应急人员戴好防毒面具，穿化学防护服。不要直接接触泄漏物，在确保安全情况下堵漏。用沙土或其他不燃性吸附剂混合吸收，然后收集运至废物处理场所处置。也可以用大量水冲洗，经稀释的洗水放入废水系统。如大量泄漏，利用围堤收容，然后收集、转移、回收或无害处理后废弃。

【灭火方法】

用雾状水、二氧化碳、砂土、泡沫、干粉灭火器进行灭火。

八、危险化学品名称：丙烷

【理化特性】

丙烷是易挥发的无色、气态物质、纯品无臭，一般经过压缩成液态后运输，化学式为 C_3H_8。

【主要用途】

丙烷常用作烧烤、便携式炉灶和机动车的燃料。通常被用来驱动火车、公交车、叉车和出租车，也被用来充当休旅车和露营时取暖和做饭的燃料。

【燃烧与爆炸危险性】

易燃。

【中毒表现】

丙烷属微毒类，为纯真麻醉剂，对眼和皮肤无刺激，直接接触可致冻伤。

有单纯性窒息及麻醉作用。人短暂接触 1% 浓度的丙烷，不引起症状；接触10%以下的浓度，只引起轻度头晕；接触高浓度时，可出现麻醉状态、意识丧失；接触极高浓度时，可致窒息。

【危险特性】

易燃气体。与空气混合能形成爆炸性混合物，遇热源和明火有燃烧爆炸的危险。与氧化剂接触猛烈反应。气体比空气重，能在较低处扩散到相当远的地方，遇火源会着火回燃。

【防护措施】

呼吸系统防护：可能接触其蒸气时，佩戴自吸过滤式防毒面具（全面罩）；紧急事态抢救或撤离时，应该佩戴自给式呼吸器。

身体防护：穿胶布防毒衣。

手防护：戴橡胶手套。

其他：尽可能减少直接接触。工作现场严禁吸烟、进食和饮水。工作毕，淋浴更衣。

【有害燃烧产物】

一氧化碳、二氧化碳。

【急救措施】

吸入：迅速脱离现场至空气新鲜处，保持呼吸道通畅。如呼吸困难，给输氧；如呼吸停止，立即进行人工呼吸。就医。

【泄漏应急处置】

迅速撤离泄漏污染区人员至上风处，并进行隔离，严格限制出入。切断火源。建议应急人员戴自给正压式呼吸器，穿防静电工作服。尽可能切断泄漏源。用工业覆盖层或吸附/吸收剂盖住泄漏点附近的下水道等地方，防止气体进入。合理通风，加速扩散。喷雾状水稀释、溶解。构筑围堤或挖坑收容产生的大量废水。如有可能，将漏出气用排风机送至空旷地方或装设适当喷头烧掉。漏气容器要妥善处理，修复、检验后再用。

【灭火方法】

切断气源。若不能切断气源，则不允许熄灭泄漏处的火焰。喷水冷却容器，可能的话将容器从火场移至空旷处。灭火剂：雾状水、泡沫、二氧化碳、干粉。

九、危险化学品名称：甲基二乙醇胺

【理化特性】

简称 DMEA，是无色、易挥发液体，有氨味，沸点 134.6℃。

【主要用途】

用于离子交换树脂，也用于高纯水制备及糖液脱色、电影洗液三废治理等。

【燃烧与爆炸危险性】

易燃，遇高热、明火或与氧化剂接触，有引起燃烧爆炸的危险。

【中毒表现】

对眼睛、皮肤、黏膜和上呼吸道有剧烈刺激作用。可致皮肤灼伤。

吸入后可引起喉、支气管的炎症、水肿、痉挛、化学性肺炎、肺水肿等。对皮肤有致敏作用。

【防护措施】

呼吸系统防护：可能接触其蒸气时，佩戴自吸过滤式防毒面具（全面罩）；紧急事态抢救或撤离时，应该佩戴自给式呼吸器。

身体防护：穿胶布防毒衣。

手防护：戴橡胶手套。

其他：尽可能减少直接接触。工作现场严禁吸烟、进食和饮水。工作毕，淋浴更衣。

【急救措施】

皮肤接触：脱去被污染的衣着，用大量流动清水冲洗皮肤，至少15min。就医。

眼睛接触：提起眼睑，用大量流动清水或生理盐水彻底冲洗，至少15min。就医。

吸入：迅速脱离现场至空气新鲜处，保持呼吸道通畅。如呼吸困难，给输氧；如呼吸停止，立即进行人工呼吸。就医。

食入：误服者用水漱口，给饮牛奶或蛋清。就医。

【泄漏应急处置】

迅速撤离泄漏污染区人员至安全区，并进行隔离，严格限制出入。切断火源。建议应急人员戴自给正压式呼吸器，穿消防防护服。不要直接接触泄漏物。尽可能切断泄漏源。防止进入下水道、排洪沟等限制性空间。小量泄漏：用砂土、蛭石或其他惰性材料吸收，也可以用大量水冲洗，洗水稀释后放入废水系统。大量泄漏：构筑围堤或挖坑收容，用泡沫覆盖，降低蒸气灾害。用防爆泵转移至槽车或专用收集器内，回收或运至废物处理场所处置。

【灭火方法】

灭火剂：雾状水、抗溶性泡沫、干粉、二氧化碳、砂土。尽可能将容器从火场移至空旷处。喷水保持火场容器冷却，直至灭火结束。

十、危险化学品名称：三甘醇

【理化特性】

无色、无臭、有吸湿性的黏稠液体。

【主要用途】

用作溶剂、萃取剂、干燥剂，也用于印刷油墨作为吸湿剂、柔软剂，空调系统清洗剂中作为消毒剂。

【燃烧与爆炸危险性】

易燃。

【中毒表现】

微毒,对眼睛及皮肤无刺激性。

【灭火方法】

用雾状水、二氧化碳、砂土、泡沫、干粉灭火器进行灭火。

附录二 常见"三违"行为

一、违章指挥

1. 指使操作人员违章操作的。

2. 在严禁单独作业场所安排操作人员单独作业的。

3. 指挥无证人员从事特殊工种作业的。

4. 未严格执行作业许可管理制度,擅自组织进行工业动火、进入有限空间等特殊作业的。

5. 超越作业票审批范围,随意越权组织施工的。

6.施工作业中,未执行施工方案,随意变更施工要求的。

潜在危害分析:任何违反HSE规章制度的行为,都将可能造成人员伤害或财产损失。

整改建议:各级管理人员必须遵守、监督和落实各项HSE管理规定、制度。

二、违章操作

1.违章行为描述:启机前未进行盘车而直接启机。

潜在危害分析:没有检查机组有无卡阻而直接启机容易造成机组损坏。

整改建议:按照技术要求在启机前进行盘车检查。

2.违章行为描述:启机前未进行预润滑而直接

启机。

潜在危害分析：容易导致机组各运动副因润滑不良而损坏。

整改建议：按照技术要求进行启机前的预润滑。

3.违章行为描述：启机时站在飞轮及其他转动部件的切线方向。

潜在危害分析：在运动部件的切线方向容易被脱落或解体的部件击伤。

整改建议：启机时站在远离转动部件的切线方向。

4.违章行为描述：启机后没有及时打开缸头放泄阀。

潜在危害分析：在用天然气缸头直接启动时，容易造成启动气进入动力缸，参与燃烧而发生事故。

整改建议：首先确保启动气球阀不内漏，且在启机后第一时间打开缸头放泄阀。

5.违章行为描述：在巡检过程中不使用红外线测温仪，而是采用手直接摸的方式来判断各部位是否有异常发热。

潜在危害分析：容易造成巡检人员烫伤，且用手不能准确判断温差，不能及时发现故障。

整改建议：在巡检过程中使用红外线测温仪检查各部位温度是否正常。

6.违章行为描述：在机组运行过程中，当机组出现报警声时，人为地认为是误报警而将报警信号屏蔽。

潜在危害分析：机组在没有保护状态下运行，一旦出现故障不能自动保护停机，会对机组造成损害。

整改建议：当机组出现报警声，应认真分析并查明原因，不要人为地将报警屏蔽。

7.违章行为描述：机组在加载前没有进行小循环低负荷运行，而是直接加载负荷运行。

潜在危害分析：加载前没有进行小循环直接加载，机组没有逐渐升温和增加负荷的过程，不能及时发现机组存在的问题容易损伤机组。

整改建议：按照技术要求进行加载前的小循环轻负荷运行。

8.违章行为描述：机组加载时转速过低。

潜在危害分析：机组在低转速下加载，由于转速低，惯性力较小，飞轮的储能不够，在曲轴转过死点时，会出现瞬时超负荷停机，对机组造成损坏。

整改建议：在加载以前应该将机组转速调到额定转速的80%以上，并且在加载的过程中转速不能有明显的下降。加载结束后应该使机组的转速保持在额定转速的80%～90%之间运行。

9.违章行为描述：在加载和卸载的过程中，速度过快。

潜在危害分析：容易造成机组飞车或停机。

整改建议：在加载或卸载过程中做到平稳操作。

10.违章行为描述：操作阀门时，人体正对阀门。

潜在危害分析：正对阀门开关操作，可能由于阀门丝杆衬套老化、断裂，导致丝杆及手轮弹出，使人员受伤。

整改建议：开关阀门时，应站在阀门侧面。

11.违章行为描述：阀门开关操作管钳（F形扳手）

开口朝内。

潜在危害分析：阀门开关操作,如管钳（F形扳手）开口朝内，可能由于阀门丝杆衬套老化、断裂，导致丝杆及手轮弹出,管钳（F形扳手）可能造成人员伤害。

整改建议：阀门开关操作管钳（F形扳手）开口朝外。

12.违章行为描述：放空未点火炬。

潜在危害分析：放空未点火炬，会使天然气扩散在空气中，可能发生火灾、爆炸、中毒和环境污染。

整改建议：放空应点火炬。

13.违章行为描述：切换工艺流程时，先关后开阀门。

潜在危害分析：易造成憋压事故。

整改建议：必须遵循先开后关的原则。

14.违章行为描述：检修时阀门未完全截断。

潜在危害分析：检修时阀门未完全截断，可能使天然气窜入检修区域,导致容器超压、人员中毒、窒息、火灾和爆炸事故。

整改建议：检修时应完全截断阀门。

15.违章行为描述：攀爬、登高作业未采取防护措施或上下台阶未使用扶手。

潜在危害分析：易导致滑跌等人身伤害。

整改建议：加强个人防护措施，上下台阶使用扶手。

16.违章行为描述：在易燃易爆区使用铁制工具进行开、关阀门，拆卸螺丝、法兰等作业。

潜在危害分析：易产生火花，如遇可燃介质泄漏，易导致火灾、爆炸等事故。

整改建议：对易燃易爆场所要用防爆工具作业，并设置醒目安全标识。

17.违章行为描述：在检修或动火作业时，使用铁皮、石棉板等代替盲板。

潜在危害分析：铁皮、石棉板耐压能力达不到要求，易击穿，造成火灾、爆炸、中毒等事故。

整改建议：应按照管道内介质性质、压力、温度，设计、选用合适的材料做盲板。

18.违章行为描述:可燃性气体微漏未处理。

潜在危害分析:发生火灾、爆炸事故。

整改建议:发现漏点在泄漏点处挂上明显标识,并及时联系处理。

19.违章行为描述:取样时未站在上风向。

潜在危害分析:取样作业时接触有毒有害气体,站在下风向易造成取样人员中毒。

整改建议:确保站在上风口操作。

20.违章行为描述:进入设备作业前,无应急预案,或进入设备内作业超出规定时间。

潜在危害分析:易造成人身伤害等意外事故发生。

整改建议:制定应急预案,并严格按照作业时间施工。

21.违章行为描述:在天然气生产区域内使用非防爆通信工具。

潜在危害分析:通话中产生电火花,易引发火灾或爆炸事故。

整改建议:设立警示标识,进入生产区域应关闭通信工具。

22.违章行为描述:在设备运行时清扫、擦拭、润滑转动部分或带压拆卸设备。

潜在危害分析:易造成人身伤害。

整改建议:在停机状态下方可进行设备检修。

23.违章行为描述:进入含有硫化氢的场所作业时,不使用硫化氢报警仪进行实时监控。

潜在危害分析:由于对作业现场有毒气体的状态不明,容易中毒。

整改建议:严格要求,进入现场前检查佩戴情况。

24.违章行为描述:空气开关跳闸后,未分析跳闸原因直接合闸。

潜在危害分析:如短路引起空气开关跳闸,强行合闸,易发生相间短路,引起电气火灾。

整改建议:空气开关跳闸后,由专业电工分析原因,整改后再合闸。

25.违章行为描述:冬季下雪后,台阶积雪未清扫便上台阶作业。

潜在危害分析:易造成人员滑倒、跌落伤害。

整改建议：应将台阶上的积雪清扫并采取防滑措施后，再上台阶作业。

26.违章行为描述：可燃气体报警器发出报警时，不查明原因，就切断报警器电源。

潜在危害分析：易造成天然气泄漏不能及时发现而导致火灾爆炸事故。

整改建议：可燃气体报警器发出报警时，应到现场检查确认，查明原因，及时汇报并采取处理措施。如果是误报，应消音、恢复到原状态。

27.违章行为描述：处理冻堵管线用火烧。

潜在危害分析：易造成管线憋爆误伤人或引起火灾。

整改建议：使用蒸汽、热水解冻或电解堵等其他解堵方法。

28.违章行为描述：擅自移动、使用防火锹、防火沙等消防器材。

潜在危害分析：发生火灾时不能及时处理。

整改建议：禁止擅自移动、使用消防工具及设施。

29.违章行为描述：清洁保养正在运行的机泵。

潜在危害分析：容易被运行的机泵伤害。

整改建议：必须停机后保养维护。

30.违章行为描述：用汽油、轻质油、石油醚清洗衣物、擦拭设备、清洁地面。

潜在危害分析：摩擦产生静电，易出现火灾事故。

整改建议：用洗油剂、洗油棒清洗衣物、擦拭设备、清洁地面。

31.违章行为描述：非电工操作、维修电气设备。

潜在危害分析：易出现错误操作，造成触电伤人、电气火灾事故。

整改建议：严禁非专业人员操作电气设备。

32.违章行为描述：在压力容器装置运行期间，带压作业。

潜在危害分析：易造成人身伤害。

整改建议：在压力容器装置运行期间，严禁带压维护、保养阀门和其他作业。

33.违章行为描述:启泵前,不对泵做全面检查。

潜在危害分析:易造成机泵损坏或人身伤害。

整改建议:严格按照泵操作规程操作。

34.违章行为描述:用手掌触摸电机检查温度。

潜在危害分析:易发生电击伤人事故。

整改建议:在电机上安装温度计,必要时手背感应温度。

35.违章行为描述:在电动阀开关运行没有完成时,操作人员离开。

潜在危害分析:易造成开关不到位而引发安全事故。

整改建议:在电动阀开关运行完成后,操作人员才能离开。

36.违章行为描述:检查灭火器时不检查压力。

潜在危害分析:低于标准压力,灭火器不能正常使用。

整改建议:定期对灭火器进行全面检查。

37.违章行为描述:不对周围环境进行检查确认,

就对可燃气体进行放空。

潜在危害分析：易发生火灾、爆炸等事故。

整改建议：放空前检查确认现场环境。

38.违章行为描述：易燃气体、液体取样时不对自身做消除静电处理。

潜在危害分析：静电易导致火灾、爆炸等事故。

整改建议：取样前应严格做好消除静电处理。

39.违章行为描述：随意扔、倒或排放易燃易爆、有毒有害废弃物。

潜在危害分析：易引发火灾爆炸等人身伤害事故。

整改建议：执行防火防爆规定。

40.违章行为描述：发现"三违"行为不及时制止。

潜在危害分析：易造成生产事故和人身伤害。

整改建议：加强责任心教育。

三、违反劳动纪律

1.着装不合格上岗。

要求：按规定穿防静电劳保服、劳保鞋、戴安全帽、穿警示服。

危害：若不按规定穿着防静电服、防静电工鞋，在天然气生产区域操作时，可能产生静电火花而引发火灾。化纤衣服在事故状态下会对烧伤者造成更加严重的损害；不按规定戴安全帽和劳保鞋，会对操作人员的头部和足部造成不必要的伤害；不穿警示服，不利于事故状态下对操作人员的搜救。

2. 岗位上睡觉。

要求：禁止在岗位上睡觉。

危害：若在岗位上睡觉，岗位上发生的异常现象就不能被及时发现和处理，而导致意外事件的发生。

3. 岗位人员脱岗。

要求：禁止岗位人员离开岗位。

危害：若岗位人员脱岗，无人值守、无人管理，岗位出现的异常就不能被发现和处理，而导致意外事件的发生。

4. 未按规定巡检。

要求：操作人员应按规定的时间、路线对要求巡检的部位进行岗位巡检。

危害：若操作人员未按规定进行巡检，现场发生的异常和隐患就不能被及时发现和处理，而导致意外事件的发生。

附录三　典型事故案例

案例一　机组冷却器管束箱爆炸

● **事故经过**

2012年1月1日某增压站员工王某在完成冷却器解堵作业后，班长启动压缩机组，进行闭路循环。压缩机运行约8min后主要运行参数出现异常：二级排出压力0.9MPa（正常0.3MPa）、排气温度117℃（正常90℃）、三级排出压力2.9 MPa（正常不大于2.0MPa）、二级安全阀起跳，温度仍有继续上升趋势。班长检查发现换热器百叶窗未完全打开，进行相应的处理后返回压缩机房。16:45，班长在机房内听到爆炸声，立即按下了紧急停车按钮后，迅速跑到现场，发现三级后换热器管束箱封头已断裂并飞出，王某仰面躺在地上，已经死亡。

经分析，王某是站在梯子上检查封头丝堵渗漏情况时，被飞出的封头正面挡板击中头部。

● **原因分析**

压缩机检修后,在启动进行闭路循环过程中,因换热器存在盲管段,空气没有置换干净,压缩机系统内部空气与天然气形成的爆炸性混合气体发生爆炸,致使三级换热器管束箱封头炸开,封头挡板击中现场检查人员头部导致死亡。

案例二 机组飞轮解体伤人事故

● **事故经过**

2005年1月18日下午,某增压站ZTY265机因气阀损坏停机维修,维修完毕后其他人员回值班室休息,但李某在无安全人员监督情况下独自一人擅自启机操作。值班室人员听到连续的爆燃(放炮)和高转速声,班长迅速到现场采取各种方法停机,但无法使机组停止运转。班长见事故无法控制叫李某立即撤离,李某向飞轮旋转方向撤离时,飞轮发生解体,解体的部件飞出造成李某死亡,厂房、压缩机以及150m外的居民房严重受损。

● **原因分析**

经事故现场分析,启动前未将调速器调整到怠速位置,启动后启动气球阀关闭不严,高压启动气进入动力缸参与燃烧,引起发动机爆燃,使机组转速超过运转极限,导致飞轮解体造成事故。

案例三 机组主轴瓦烧坏事件

● **事故经过**

某增压站 ZTY630 机组于 9:44 启机,10:24 加载,11:04 动力缸夹套水温高限报警(机身油温报警值设定为 95℃,停车值为 98℃),操作人员判断可能为热电偶接触不良所致,班长将动力缸夹套水温信号屏蔽,机组处于维护状态。在 11:52 机身油温度达到 108.94℃,机组卸载,12:00 机组停机,经检查发现机组第 3、第 4、第 5 道主轴瓦上盖出现裂纹,主轴瓦已烧坏。

● **原因分析**

操作人员分析判断问题经验欠缺,风险辨识不充分。虽然对发现的问题采取积极主动方式进行处理，但没有针对具体情况具体分析，仅凭着经验办事（由于该机组已多次出现因安全栅、热电偶接触不良问题，导致数据出现误报警情况），导致分析判断故障失误才出现将动力缸夹套水温信号屏蔽的错误处理方法。最终因机组油温过高，导致主轴瓦上盖出现裂纹，轴瓦润滑不充分导致了此次事件的发生。

案例四　机组十字头和连杆铜套腐蚀

● **事故经过**

2010年12月进行月度维护保养时，发现增压机组一级压缩十字头铜套、连杆铜套出现异常磨损并发蓝现象，经更换后机组恢复正常运行。2011年4月在对机组进行半年保养时，发现一、二级十字头铜套、连杆铜套再次出现异常磨损并发蓝现象，经更换后机组恢复正常运行。2012年1月7日对机组进行年保养时发现一级压缩缸连杆铜套脱落，经检查发现该铜套存在发蓝现象，铜套内部出现了不同程度的腐蚀。十字头铜套也出现了发蓝现象，铜套内部也同样存在不同程度的腐蚀，一级2缸和二级2缸的十字头销不能拆卸，分析为连杆铜套和十字头销由于长期腐蚀作用黏在一起造成。同时观察已拆卸的十字头发现存在发黑的现象。

● **原因分析**

该类型的机组压缩缸填料和刮油环都安装于一个总成内，活塞杆在长期运行中存在一定的磨损，一旦出现填料密封不严的情况，含硫天然气（含硫量为 $5.181g/m^3$）就会直接进入曲轴箱内，长期运行就会对十字头及连杆的铜套造成一定程度的腐蚀。经检查，填料放散管无堵塞，分析是该机组压缩缸与曲轴箱之间的中体泄压孔被堵塞，压缩缸填料泄漏的天然气进入曲轴箱对十字头铜套造成一定的腐蚀。

案例五　增压机组分离器螺栓断裂

● **事故经过**

某增压站安装3台RTY1250、1台RTY1030分体压缩机组，于2010年9月建成投产，由于增压站配套工艺管线存在振动超标问题，目前该站只运行1～2台机组。截至目前RTY1030累计运行6247h，其余3台RTY1250机组累计运行不足3000h。主要对五百梯气田相关气井进行增压后，输送到某站脱水外输，处理规模约$54.0 \times 10^4 m^3/d$，机组负荷54.2%～56.8%。2011年五百梯增压东站RTY1250-1号、2号和3号机组一级、二级分离器均出现过地脚螺栓断裂，累计次数7次。

● **原因分析**

气流压力脉动是工艺管线振动的主要原因。管线振动频谱从17.5Hz到10倍频率即175Hz是管线振动的主要频谱区间。工艺管线在压缩机组内部不同区域，振动主要方向、频谱及其大小分布特征不同。一级、二级进气分离器前后相关管线、缓冲罐等175Hz是振动的主要特征，最大检测值达到31.61mm/s，主要方向为水平面内气流的垂直向，是相关螺栓断裂的主要原因。

案例六　机组动力二缸十字头破损

● **事故经过**

2011年7月11日16:05，值班人员发现机组有微弱异响，马上对各个部位进行监听。16:08异响突然加大，出现明显的敲击声，随后ZTY265-1号机组立即自动停机，故障显示器上的故障代码表明由于机身振动大而停机。停机后发现动力二缸的十字头部分破裂、脱落，十字头销退出2/3，铜套烧毁，十字头上下表面磨损。

● **原因分析**

十字头销紧定螺钉疲劳断裂，导致销子退出，十字头受力不均而破裂是故障发生的主要原因，具体分析如下：

（1）由于十字头销子不是绝对固定不动的，是由方头凹端紧定螺钉和方头圆柱端紧定螺钉所固定。在机组运行中，起定位作用的方头圆柱端紧定螺钉在其十字头销子定位孔中移动，导致方头凹端紧定螺钉在其定位孔中移动。

（2）在机组的运行中，紧定螺钉承受冲击载荷，导致螺钉凹端疲劳受损断裂，而在日常维修中，主要是对其紧固程度进行检查，较难发现其断裂情况，并在交变载荷作用下导致螺纹发生冲击变形，在拧紧和机组运行过程中被滚压成球饼状，失去压紧和定位功能；球状部分运动中造成对螺孔边缘及其空间的磨损，最终随着机组的运动，断裂部分从侧面脱落出来。

（3）十字头销从十字头销孔中转动和移出，机组运行过程中动力连杆、十字头、十字头销等的受力发生变化（受力大小和方向），产生扭曲变形，使十字头销与连杆铜套的同心度发生改变，即动力连杆铜套与十字头销的配合间隙在两端发生改变，同时十字头与滑道的间隙也发生改变，使连杆铜套两端、十字头与上滑道之间出现局部的临界润滑，产生局部高温，连杆铜套两端出现胀裂式烧损和裂纹，润滑油结焦，十字头巴氏合金异常磨损。

案例七　机组主轴瓦烧伤

● **事故经过**

2009年7月22日某增压站ZTY265压缩机曲轴箱严重异响,紧急停机后进行盘车检查时,出现阻力增大,有卡阻现象。拆开曲轴箱盖板检查时,发现轴瓦盖4个进油孔被堵塞,堵塞物是配件包装纸并且裹成很有规则的圆柱形状塞入油孔中。

拆下主轴瓦检查,表面损伤明显,大面积巴氏合金脱落受损,侧面和背部的基体金属带紫褐色,原因是失去润滑性能产生高温而导致严重摩擦损坏。

● **原因分析**

(1)机组在大修期间维修人员清洗曲轴箱时,为避免杂质进入油孔采用了堵塞方法,作业完后未拆除堵塞物是导致事故发生的根本原因。

(2)维修人员的责任心不强,业务素质、工作态度差。

(3)安全技术监督工作监管不到位。

(4)属地管理人员监督不到位。

(5)大修机组试运期间未及时停机检查。

（6）操作人员巡检不到位，责任心不强或业务素质差，未及时发现事故隐患。

案例八　冷却管束爆裂

● 事故经过

1995年12月某增压站操作人员巡检时，发现补充水箱加水口冒出大量蒸汽，巡检人员立即进行冷却水加注，不到3min时间听见冷却器有异响，随后冷却管束爆裂造成操作人员的手和脸部被烫伤。

● 原因分析

（1）水箱口冒出大量蒸汽未进行原因分析盲目加入大量冷水，导致冷却管束出现急剧冷缩，产生大量的应力而发生爆裂。

（2）该操作人员巡检程序错误，未查看各系统运行参数是否正常，盲目加水导致事故发生。

（3）该操作人员严重违反巡回检查制度。巡检发现问题后，应立即汇报，针对此情况，应一人操作一人监督。

参考文献

1. 斯帕尔·塔卡克拉. 急救手册. 任雨笙等, 译. 北京: 世界图书出版社, 1999.

2. 孙维生. 常见危险化学品的危害及防治. 北京: 化学工业出版社, 2005.

记 录 页

记 录 页

记 录 页

记 录 页